Math 2 kids

MIS TRES DESEOS

De Rodolfo Villicaña

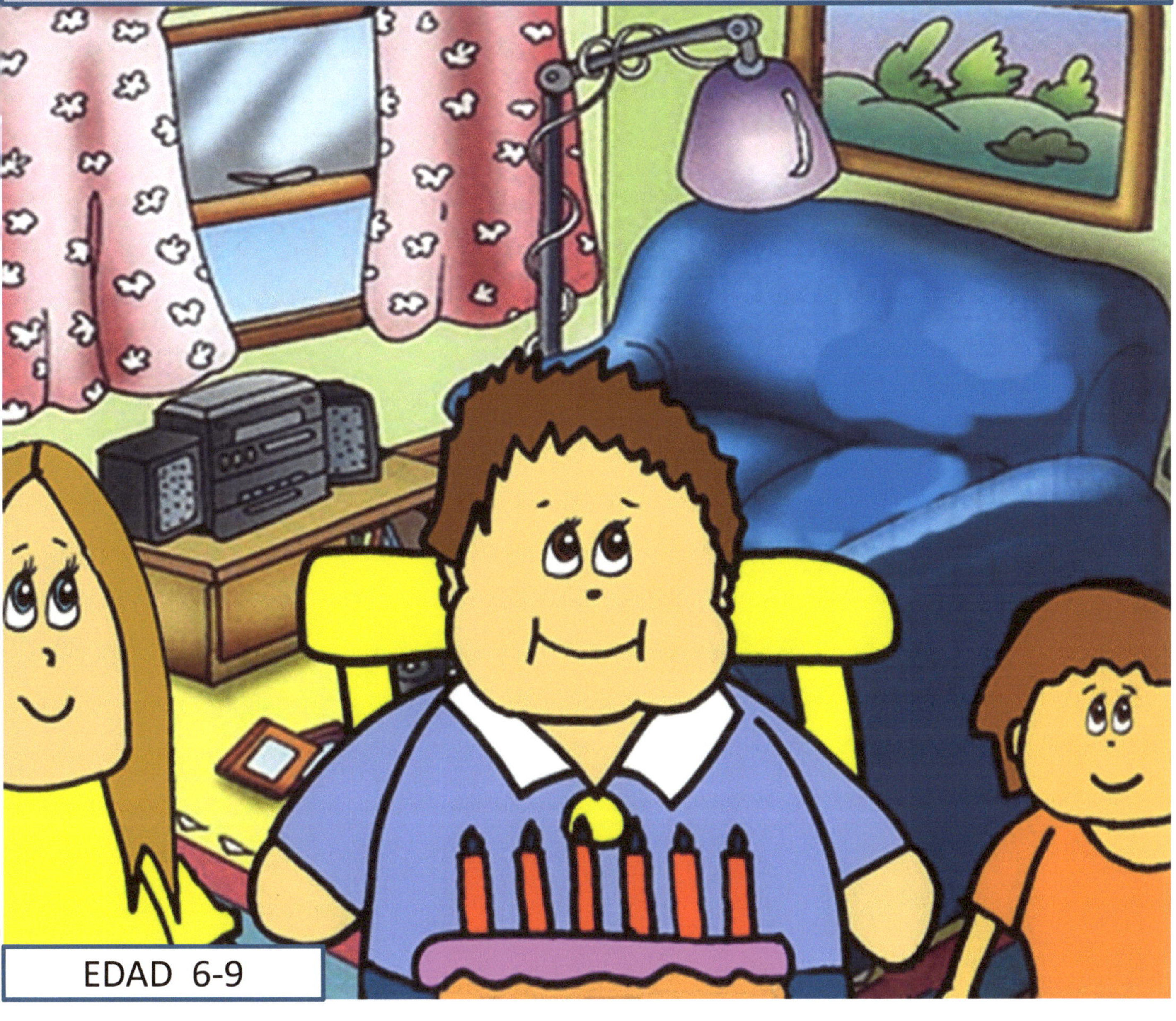

EDAD 6-9

MIS 3 DESEOS

www.math2kids.com

Este cuento nos muestra como sería un día sin números. Los niños aprenderan qué tan importantes son los números en nuestra vida diaria .

Autor: Rodolfo Villicaña

İ Otra vez reprobé mi examen de Matemáticas !. İ Como quisiera que no existieran los números !.   Pero ese tonto examen de Matemáticas hoy no va a arruinar mi gran día de cumpleaños.

Mi fiesta de cumpleaños fue todo un éxito. Asistieron todos mis amigos y me dieron muchos regalos. Después de varios juegos y de romper una piñata llegó la hora de partir el pastel.

Mi mamá me dijo que antes de partir el pastel cerrara los ojos y que en silencio pidiera 3 deseos. Yo cerré fuertemente mis ojos y en silencio pedí: unos patines para patinar en hielo, un boleto para ir a la final de baloncesto de las Panteras y.............¡ que no existieran los números para olvidarme por completo de esa odiosa clase de Matemáticas !.

Después, llegó la hora más feliz de la fiesta, la hora de abrir mis regalos. Con ansiedad empecé a abrir cada una de esas cajas hermosamente decoradas: Ì Un balón de baloncesto que me dio mi primo Alex !, Ì un tren eléctrico que me regaló mi tía Lulú! …..Ì Y unos patines para patinar en el hielo que me dio mi mamá !.
Al final de la fiesta mi papá me entregó una tarjeta de felicitaciones con Ì 2 boletos para la gran final de baloncesto de las Panteras !.
 Ì Dos de mis 3 deseos se habían hecho realidad !. Después de tanta diversión, muy cansado me fui a dormir….

Al día siguiente los gritos de mi papá me despertaron ya se le había hecho tarde para ir a su trabajo y tenía una cita de negocios muy importante. El despertador no había sonado y para colmo ningún reloj estaba funcionando. Mi mamá prendió el radio y la televisión para escuchar la hora, pero ninguno de los dos aparatos podían sintonizar ninguna estación, algo muy raro estaba pasando.

Mi mamá nos levantó a de prisa, se nos había hecho tarde para ir a la escuela. Mi mamá intentó calentar leche en el micro-ondas, pero tampoco el micro-ondas funcionaba. Así que como era ya muy tarde tuvimos que tomarnos la leche casi congelada.

Al llegar a la escuela un letrero grande decía : " Se suspenden las clases porque no funciona el aire acondicionado, ni nada que se opera con números."

 ¡ No lo podía creer, mi tercer deseo se había cumplido!. ¡ Este sería un día muy divertido, por primera vez no habría números en mi vida !

De regreso en casa busqué mis nuevos patines y de inmediato me dirigí al centro comercial que tiene la pista de hielo. Al llegar me enteré que la pista de hielo estaba cerrada, pues el termostato que controla la temperatura había dejado de funcionar por falta de números y todo el hielo se había convertido en agua.

De regreso a casa quise hablar por teléfono con mi primo Alex para invitarlo esa tarde a la gran final de baloncesto de las Panteras, pero el teléfono no funcionaba, por falta de números.
Quise mandarle un E-mail pero tampoco la computadora estaba funcionando.

No me quedó mas remedio que irme caminando hasta la casa de mi primo. Durante el largo camino me dio mucha sed, pues hacia mucho calor. Quise comprar una soda en el supermercado, pero me encontré con la sorpresa de que el supermercado estaba cerrado. Un letrero grande decía: " Hoy no se puede vender nada por no haber números ". Me dirigí a una máquina vende sodas, pero ésta tampoco estaba funcionando.

Enojado y cansado llegué al conjunto de edificios de departamentos donde vive mi primo Juan. Por supuesto el elevador no funcionaba, así que tuve que subir por las escaleras hasta el noveno piso.

Me senté en el sofá y pedí un vaso con agua. Como estaba tan cansado me quede dormido.
 Como se nos hizo tarde mi tío nos llevó hasta el estadio de baloncesto en su carro. Al bajarnos del carro mi tío nos dijo que tendríamos que regresar en autobús al final del juego, pues él no podría pasar a recogernos.

Emocionados, fuimos a la entrada del estadio, pero el estadio estaba vacío, ¡la gran final de baloncesto de las Panteras había sido suspendida! porque no podían medir el tiempo de juego y no podían saber cuál era el marcador. Y sin números no pueden jugar.

En la parada del autobús las filas eran interminables porque muchos autobuses no estaban operando pues no podían comprar gasolina .
 No nos quedó mas remedio que regresar cada quien a su casa caminando.

Llegué a mi casa cansado y con mucha hambre. Y le pedí a mi mamá algo calientito para comer. Mi mamá me dijo que tomara leche fría pues la comida se le había quemado. Pues por falta de números no pudo calcular la temperatura del horno, ni el tiempo que tenía que utilizar para cocinar la comida. ¡ Todo era un desastre !.

Mi papá también llegó muy malhumorado pues perdió la oportunidad de cerrar ese negocio tan importante.
 Y para colmo no pudo sacar dinero de los cajeros automáticos y su carro se le quedó parado por falta de gasolina. No le quedó mas remedio que venirse caminando a la casa.

Mi hermana Rosita estaba también muy triste pues se quedó esperando la llamada de una amiguita de la escuela que la iba a invitar a una fiesta.

Quise ver mi programa favorito en la televisión, pero la televisión tampoco funcionaba. Malhumorado me senté en un sillón, y me puse a pensar en la importancia que tienen los números en nuestra vida diaria. Estaba tan cansado que me quedé dormido ahí toda la noche.

A la mañana siguiente mi mamá nos despertó con su grito de costumbre: " ya levántense que son las seis y media y se les va a hacer tarde para ir a la escuela ".
Mi mamá ya nos había preparado un desayuno calientito en el micro-ondas. Ese día desayune más rápido que de costumbre y apuré a mi hermana para no llegar tarde a la escuela. ¡ No quería perderme ni un minuto de mi nueva clase favorita, mi clase de Matemáticas !

FIN

Palabras de este cuento que se usan en Matemáticas.

Al bajarnos .- Al descender.

Al final .- Cuando se terminó, cuando finalizó, al termino .

Algo .- Evento no definido, cantidad no definida.

Antes .- Momento que es anterior a otro.

Cada quien .- Los dos, todos los elementos de un grupo pero considerados en forma individual.

Cada una .- Se refiere al total de los elementos de un grupo pero considerados en forma individual.

Calcular .- Proceso para buscar una cantidad específica que es la solución de un problema matemático.

Calor .- Temperatura que es más alta de lo normal.

Casi .- Que es parecido pero que no es exáctamente igual.

Completo .- Totalmente, todo, que no falta nada

Comprar .- Acción de dar dinero a cambio de un producto ó servicio.

Completo .- Totalmente terminada, que no falta nada..

Comprar .- Acción de dar dinero a cambio de un producto ó servicio.

Congelado .- Algo que se encuentra sometido a una temperatura muy baja que pasa a otro estado. Por ejemplo los líquidos al congelarse pasan de estado líquido a estado sólido.

Conjunto .- Grupo de elementos que tienen las mismas características.

Convertido .- Transformado, cambiarse algo de una forma a otra.

Cumpleaños   .-   Fecha en que se celebra un año más del día específico en que
                     nació una persona.

De inmediato . -   En ese mismo momento, rápidamente.

De prisa   .-   Rápidamente, hacer algo en menos tiempo de lo normal.

De regreso   .-   De vuelta a,   al volver al punto original de salida.

Despertador   .-   Reloj que se puede programar para que suene una
                     alarma a la hora programada.

Después   .-   Luego, a continuación de.

Día   .- Período de tiempo que transcurre desde que sale el sol, se oculta
                     y vuelve a salir.

Día siguiente   .- Día que continua después.

Diaria   .- Que se repite todos los días.

Dinero   .-   Instrumento de cambio que se usa para vender y comprar.

Durante   .- Lapso de tiempo que tiene un principio y un fin bien definido.

Empecé   .- Comencé, inicie.

Entrada   .-   Punto en donde se ingresa al interior .

Filas   .- Serie de elementos acomodados uno detrás de otro.

Final   .-   Se refiere al último partido de la temporada, elemento
                     que está al final de una serie.

Frío   .- Temperatura más baja de lo normal.

Gran   .- De enorme tamaño ó importacía.

Grande   .- De gran tamaño.

Hacer tarde	.-	Que se agota el tiempo planeado para realizar una actividad específica.
Hasta	.-	Limite final .
Hecho tarde	.-	Que ha pasado el tiempo que tenía disponible para realizar cierta actividad.
Hielo	.-	Agua congelada, agua que se enfrió tanto que pasó de estado líquido a estado sólido.
Hizo tarde	.-	Nos falta tiempo para realizar una actividad que teníamos ya planeada hacer en ese tiempo específico.
Hora	.-	Lapso de tiempo que es igual a la vigésima cuarta parte de un día.
Hoy	.-	El día actual que estamos viviendo.
Interminables	.-	Muy largas, que no tienen fin, que no terminan.
Largo	.-	Medida grande, que ocupa un espacio más grande de lo normal.
Llegué	.-	Alcanzar el punto final ó de destino.
Mañana	.-	Día que sigue al día actual que estamos viviendo.

Más rápido   .-   En menos tiempo de lo normal.

Matemáticas .-   Ciencia que mide la materia, el espacio y el tiempo y   sus relaciones.

Medir   .-   Acción para conocer el tamaño de una cosa.

Minuto   .-   Lapso corto de tiempo. Una hora tiene 60 minutos y
                       un día 1440 minutos.

Muchos   .-   Una cantidad grande.

Muy   .- Palabra que agranda el valor de la palabra que le sigue.

Muy tarde   .- Que ha pasado mas tiempo del que se tenía planeado
                       para realizar algo.

Nada   .-   Ausencia total de algo.

Ni   .-   Tampoco.

Ningún   .-   Ninguno, nada.

Ninguno   .-   Nadie, nada.

Noche   .- Parte del día donde no se ve la luz del sol.

Noveno   .-   Elemento que se encuentra en la posición número
                       nueve de una serie ó conjunto.

Números   .-   Símbolos que representan una cantidad específica.

Otra vez   .-   Una vez mas, de nuevo.

Por falta   .-   Ausencia de algo.

Por primera vez .-   Es la primera ocación que ocurre algo.

Regresar   .-   Volver a casa, volver a la posición de salida.

Reloj	.-	Instrumento inventado por el hombre para medir períodos cortos de tiempo menores a un día.
Siguiente	.-	Que continua, que sigue después de.
Subir	.-	Acción de moverse hacia arriba, ascender.
También	.-	Que se incluye igual que los demás.
Tampoco	.-	Que al igual que otra cosa no funciona ó no sirve.
Tan	.-	Muy, mucho.
Temperatura	.-	Nombre que se le da a la medición de frío ó calor que tiene un cuerpo ó el medio ambiente.
Tercer	.-	Evento que se encuentra en el lugar número tres.
Tiempo	.-	Duración de un evento específico.
Todo	.-	El total de algo.
Todos	.-	El total de los elementos de un grupo.
Vacío	.-	Que no hay nadie ó nada en su interior, ausencia total de algo.
Varios	.-	Cantidad pequeña no especificada.
Vende	.-	Del verbo vender que significa dar un objeto ó servicio a cambio de dinero.
Vender	.-	Acción de dar un objeto ó servicio a cambio de dinero.
Y media	.-	Se refiere a la mitad de una hora ó a la mitad de una unidad.

Lectura del cuento realizada por el maestro	K-1
Lectura compartida Lectura de palabras repetitivas y lenguaje básico	NA
Lectores principiantes Lectura realizada por el estudiante de oraciones sencillas con palabras familiares	NA
Lectura con ayuda: Lectura de oraciones largas y con poca ayuda	1
Lectura sin ayuda Lectura independiente y con oraciones y vocabulario mas complejo	1-2
Lector avanzado: Puede leer solo capiíulos completos	1-3

Otros cuentos de Matemáticas de la colección de Math 2 kids

www.math2kids.com

1.- Uno
2.- Luna llena
3.- Los 3 amigos
4.- Los 3 amigos brincan en la cama
5.- Los colores de la granja
6.- Los 3 amigos y el feroz borrador
7.- Los 3 amigos van a pescar
8.- La tropa
9.- Los 5 exploradores
10.- Vamos al parque de diversiones
11.- El primer día de escuela
12.- ¿ Y dónde está el hamster ?
13.- Los números van en orden
14.- El orden es importante
15.- ¿ Cómo se escribe mi nombre ?
16.- El día de tomarse la foto.
17.- Gráfica de barras
18.- El cumpleaños del número Uno
19.- Patrones de colores
20.- Nuestro amigo el Cero
21.- El mundo de las figuras
22.- El círculo es importante
23.- Invitemos a jugar a las figuras
24.- Un desfile de figuras
25.- Un mundo de colores
26.- Dibujando con figuras
27.- La Cerocienta
28.- El uno que es una decena
29.- Un viaje al país de las decenas
30.- El día 100 de la escuela
31.- Clasificando alimentos
32.- 1, 5, 10 y 25 centavos
33.- Los números juegan al reloj
34.- Más y Menos
35.- El signo Igual
36.- Apreniendo a sumar
37.- Sumando es mejor
38.- Mayor y menor que
39.- Nones contra pares
40.- Medidas
41.- Jugando a medir
42.- La fiesta de disfraces

43.- Los números van de paseo
44.- Para cambiar el autobús
45.- Jugando con el domino
46.- Jugando a la tiendita
47.- Dieznieves y los 7 enanos
48.- Cuando eran más altos
49.- Los 3 deseos de Pedro
50.- Un cuento de números
51.- El valor según su posición
52.- El poder del número 10
53.- Tabla mágica
54.- Los números romanos
55.- Dosperucita Roja
56.- Una carrera para contar
57.- La historia del calendario
58.- Las estaciones del año
59.- Como usar el calendario
60.- La historia del reloj
61.- El Cinco aprende a multiplicar
62.- Aprendiendo a usar el reloj
63.- ¿ Cómo se inventó el dinero ?
64.- Un centavo muy trabajador
65.- Un regalo inesperado
66.- Aprende a dividir de una manera divertida en una semana
67.- Multiplicando con manipulativos
68.- Cuento para multiplicar
69.- ¿ Y qué es el perímetro ?
70.- Fué un cuento medir ese terreno
71.- Cómo calcular cualquier área
72.- Un pastel para Milly
73.- El diagrama de Venn
74.- Las coordenadas de un cuento
75.- Las fracciones de un cuento
76.- Mitades, cuartos y octavos
77.- Sumando fracciones
78.- Un viaje inesperado
79.- El día que ganamos la lotería
80.- Es un juego de probabilidades
81.- Cómo multiplicar sí no te sabes las tablas de multiplicar.
82.- ¿ Y que operción tengo que usar ?

Próximas publicaciones en Amazon

Gracias
por leer nuestros cuentos

Cada semana, durante el ciclo escolar, publicaremos un cuento nuevo en Amazon en forma de e-book y en papel. Agradecemos los comentarios que puedan hacer en Amazon.

Para obtener más información visite:

www.math2kids.com

E-mail

contact.math2kids.com